小学生心理健康养成记

培养意志力

聂振伟 袁榕蔓 著

中国农业出版社
北 京

图书在版编目（CIP）数据

培养意志力/聂振伟，袁榕蔓著.—北京：中国
农业出版社，2022.4
（小学生心理健康养成记）
ISBN 978-7-109-29299-4

Ⅰ.①培… Ⅱ.①聂…②袁… Ⅲ.①意志－能力
培养－少儿读物 Ⅳ.①B848.4-49

中国版本图书馆CIP数据核字（2022）第056263号

PEIYANG YIZHILI

中国农业出版社出版
地址：北京市朝阳区麦子店街18号楼
邮编：100125
策划编辑：宁雪莲
责任编辑：陈 亭 文字编辑：屈 娟
版式设计：马淑玲 责任校对：吴丽婷 责任印制：王 宏
印刷：北京汇瑞嘉合文化发展有限公司
版次：2022年4月第1版
印次：2022年4月北京第1次印刷
发行：新华书店北京发行所
开本：700mm×1000mm 1/16
印张：10
字数：200千字
定价：39.80元

序言

　　小读者朋友，当你的目光被这套书精美的封面以及书中图文并茂的故事内容吸引，当你的手翻开这套书的时候，恭喜你长大了！

　　我们从小就渴望长大，长大就可以自己决定买心仪的玩具或文具，长大就可以自己决定学习的内容和学习的时间安排……

　　可是，长大也会有烦恼！

　　在我国第一条中小学生心理帮助热线中，我倾听过青少年朋友许许多多关于"长大烦恼"的求助电话，如学习竞争的压力、师生间的教学矛盾、学生小领袖的"夹板气"、与父母亲子关系的隔膜、思考自己为什么而活着的"小大人"的苦恼、被医生诊断抑郁后的焦虑、离家出走前的呼救……很多成长中的问题迫切需要知心朋友的指导、帮助。

　　这正是我写此书的初衷：在我有生之年，为正在成长的小朋友们多做一点事情。用我40多年掌握的教育学、心理学知识，30多年做热线志愿者的热情，以及自己心理咨询、督导的经历，培训全国大中小学教师及家长的经验，为学生和家长朋友们解决一点小烦恼。

　　阅读心理学书籍，能够提供让我们静下心来看世界、深入了解自己的机会。你慢慢地会发现，每个人的性格不同，学习潜力存有差异。怎样做更好的自己，与他人愉快地交流和相处，才是我们生活幸福的源泉，是我们的生命意义！

调整和发展自己的潜能，就是学习，就是生活，需要一生的努力！"小学生心理健康养成记"这套书将会从学习、情绪、交朋友、意志力和生命这几个角度出发，带领你体会和思考如何学习和生活，带给你更多发现自己的新视角。

家长朋友，在升学辅导资料充斥图书市场和家庭书架的今天，你能带着不满足于学校所教授孩子的知识、渴望陪伴孩子健康成长的愿望，发现这套适合您与孩子一起阅读、一起成长的书籍，我由衷地为您和孩子高兴。

心理健康的终极目标是协助儿童、青少年了解自己、保护自己、理解生命，进而捍卫生命的尊严，激发生命的潜能，提升生命的质量，实现生命的价值。从这个意义上说，心理健康是培养健全人格不可或缺的，是与学科知识并驾齐驱的。它们如同战车的几匹马，都是人生健康成长的动力！

在青少年帮助热线中，不少家长朋友倾诉诸多生活中的育儿难事，我在倾听中了解到朋友们渴望提升与孩子沟通的技能。因此，这套书在主动引领孩子提高应对问题的能力的同时，也努力为家长朋友提供亲子交流的契机。

教育发展的历史告诉我们：身教重于言教！陪伴孩子学习，一起阅读，一起思考，用生命陪伴的历程写就属于您与孩子的故事，使孩子的智慧无限延展，进而成为孩子终身受益的宝贵财富。同时，帮助您在繁忙的工作之余，静下心来看世界，深入了解自己，觉察我们与孩子的关系、与他人的关系。

祝愿家长与孩子一起阅读，一起"共事"，一起分享感受，一起快乐成长！

你们的朋友

北京师范大学心理咨询中心　聂振伟

2022.2.19

目 录 CONTENTS

第一章

意志力存在吗

在学习、工作的时候，
周围的很多事物会吸引我们的注
意力，会有这样那样的困难阻碍我们
向着设定的目标前进。但是你会发现：
有些人能够坚持下去，很好地完成自己
的任务和目标；有些人很容易贪图一时
的快乐，耽误了重要的事情。在这
其中，我们的意志力一直在起
作用……

1 为梦想努力的人闪闪发光

　　在你身边有不少这样的人，他们带着自己的理想奋斗着，展示着自己的才华。也许，他们就是你的爷爷、姥姥，你的老师、邻居。有机会去访问他们一下，你会有更多的收获。

　　那么，你有没有想过，是什么力量让一个人能够一直为自己的理想而奋斗，不畏困难？

　　本书将为你介绍一个在我们的人生中非常重要的角色——意志力。

　　它存在于我们每个人的身上，但是在不同的人身上，它的表现可大不相同。

心灵故事汇

"杂交水稻之父"袁隆平的名字家喻户晓，你一定也不陌生。

2019年9月29日，国家主席习近平在北京人民大会堂用双手将"共和国勋章"郑重地挂在袁隆平院士的胸前，这是给对国家有重大贡献者的最高荣誉！

袁隆平一生致力于杂交水稻技术的研究、应用与推广，为我国粮食安全、农业科学发展和世界粮食供给作出了巨大贡献。90岁的袁隆平爷爷在获得国家勋章后连夜乘机飞回长

沙。第二天一早就去试验田"打卡"似的查看。别人问他为什么这样辛苦地工作？他的回答是"我不能躺在功劳簿上睡大觉"。

　　袁隆平的青年时代，新中国成立不久，国家土地资源有限，面对自然灾害的抗御能力也十分薄弱。"民以食为天"，几亿人口急需解决吃饱饭的问题。青年是一个富于幻想的年纪，年轻的袁隆平曾经做过这样一个梦：水稻比高粱还高，水稻籽粒比花生还大，他就坐在那样的稻穗下高兴地乘凉。有人说这

是痴人说梦，但袁隆平是认真的。一颗理想的种子悄然地种下：培育出高产的杂交水稻让人们吃饱饭！

袁隆平是杂交水稻研究领域的开创者和带头人。20世纪60年代，袁隆平开始研究杂交水稻，从书本到田野，从梦境到现实。1973年中国籼型杂交水稻三系配套成功，粮食亩（亩为非法定计量单位，1亩≈667平方米）产量开始了质的飞跃。截至2019年，我国每年因种植杂交水稻而增产的粮食，成功让中国人吃得饱、吃得好。

历经半个世纪研究水稻，袁隆平把梦的种子撒向了更远的地方，他曾经说：如果全世界有一半稻田种植上了我们的杂交稻，那么稻谷每年可以增长1.5亿吨，可以多养活4亿人！

我们为袁隆平爷爷点赞，一颗赤子心，一个童真梦，这是稻田里的中国梦，也是历史长河里的世界梦。袁隆平在梦想的召唤下，意志坚定，用科学精神探索，才有了今天耀人的成就！

时光穿梭机

现在是学校的午休时间，四年级一班的同学们刚刚吃完饭，在热闹地聊着天。

语文课代表皓焱在黑板上写下了今天的语文家庭作业：画第一节课布置的第二单元思维导图。数学课代表小壮发了一张数学练习卷，这是数学老师布置的午休作业，并说："午休结束后，请同学们将练习卷全部上交给小组长，由小组长交给我。"

一阵叽叽喳喳后，班级恢复了安静。

丁零零，下课铃声响起来了，数学课代表小壮喊了一声："请每组小组长收一下练习卷。"教室里又陷入了叽叽喳喳的慌乱中……

自我成长屋

请你猜一猜，图片中的几位同学，谁能及时交上数学作业呢？为什么？请在下面写下来。

2 意志力 是不是一个传说

意志力是指一个人自觉地确定目标，并根据目标支配、调整自己的行动，克服各种困难，从而实现目标的品质。

古往今来，人们不乏对意志力的褒奖：越王勾践卧薪尝胆，匡衡凿壁借光，孙敬悬梁，苏秦刺股。还有名言为证：有志者事竟成，破釜沉舟，百二秦关终属楚。

这些经典的历史故事，你都知道吗？有时间可以和爸爸妈妈或者老师探讨哦！

那么，意志力这种神奇的能量，到底是否真的存在呢？它有什么特点，是怎样帮助我们的呢？

|心理实验室|

罗伊·F·鲍迈斯特是美国佛罗里达州立大学社会心理学教师，他曾带领研究人员做过一个实验。

在实验开始前，研究人员告诉准备参加测试的人，你们要是想参加这个实验，必须做到前一天晚上不吃饭，让自己饿着肚子来实验室参加实验。因此每位被测试者都是饥肠辘辘走入实验室的。

研究人员将被测试者分成了三组：曲奇组、萝卜组、对照组，并为他们准备了巧克力曲奇饼干和萝卜。这对于饿了很久的被测试者来说，可真是个巨大的"福利"！

  曲奇组的同学可以随便吃实验室里的巧克力曲奇饼干；萝卜组的同学只准吃萝卜，不能吃巧克力曲奇饼干；对照组的同学在别的房间等待，什么也不用做。

  研究人员说完规则后就离开了，将被测试者留在实验室，然后从实验室的隐形窗户悄悄观察他们的状况。

  研究人员发现被分到萝卜组的同学表现各不相同：有的盯着曲奇饼干很久之后才拿起萝卜开始吃起来，表情很勉强；有的拿起曲奇饼干闻闻，又放下了；有的不小心把曲奇饼干打翻，又拾起来悄悄放回去。他们显然都在和诱惑作斗争，不过大家都抵御住了诱惑。而被分到曲奇组的同学，则开开心心拿起饼干吃了起来。

实验进行到这里，还没有结束。研究者接下来把所有被测试者带到了另外一个房间，让他们解答一道数学题，并告诉他们测试的目的是为了看看谁最聪明。但实际上，题目并没有答案，测试的真正目的是看他们坚持多久才放弃。

请你猜猜看，哪个组坚持的时间最长？你也可以和爸爸妈妈讨论。在下面写出你的推测。

我认为 ＿＿＿＿＿＿ 组坚持时间最长。

因为 ＿＿＿＿＿＿＿＿＿＿＿＿＿＿＿＿＿＿＿＿＿＿＿＿＿

＿＿＿＿＿＿＿＿＿＿＿＿＿＿＿＿＿＿＿＿＿＿＿＿＿＿＿＿＿＿＿

＿＿＿＿＿＿＿＿＿＿＿＿＿＿＿＿＿＿＿＿＿＿＿＿＿＿＿＿＿＿＿

＿＿＿＿＿＿＿＿＿＿＿＿＿＿＿＿＿＿＿＿＿＿＿＿＿＿＿＿＿＿＿

＿＿＿＿＿＿＿＿＿＿＿＿＿＿＿＿＿＿＿＿＿＿＿＿＿＿＿＿＿＿＿

＿＿＿＿＿＿＿＿＿＿＿＿＿＿＿＿＿＿＿＿＿＿＿＿＿＿＿＿＿＿＿

＿＿＿＿＿＿＿＿＿＿＿＿＿＿＿＿＿

答案揭晓：

组别	坚持时间
巧克力组	20分钟左右
萝卜组	8分钟左右
对照组	20分钟左右

这个结果和你们的猜想一致吗？

💧|能量补给站|

通过这个实验，研究者向我们证明了这种帮助我们"调整行动、克服困难"的品质是存在的。

在实验中，我们可以看到：被分到萝卜组的同学虽然非常想吃巧克力曲奇饼干，但是按照研究人员的要求，做到了不去吃巧克力曲奇饼干，而去吃萝卜。在这个过程中，看来是有些"能量"帮助了他们，这种"能量"就是"意志力"。

为什么曲奇组和对照组坚持了20分钟，而萝卜组只坚持了8分钟呢？

曲奇组的同学在实验室中吃到了香喷喷的巧克力曲奇饼干，这种"能量"并没有被消耗，因此，在接下来的数学解题中，可以坚持很长时间。

为什么萝卜组的同学（吃了萝卜的同学）坚持的时间比对照组的同学（什么也没吃，一直饿着的同学）短呢？

在实验室中，萝卜组的同学已经将自己大部分的"能量"（意志力）用于抵御巧克力曲奇饼干的诱惑了，也就是这种"能量"在前一阶段中已经被"消耗"了。他们再去做数学题的时候，就没有足够的"能量"去解答题目了。因此，他们坚持的时间并不长。

虽然对照组的同学前一段时间饿着，但是没有任何诱惑自己的东西去消耗"能量"，因此，他们坚持的时间比萝卜组的同学还要长。

这个实验告诉大家，意志力可不是一个传说，它客观存在于我们的生活中。并且意志力像肌肉一样，使用后会疲劳，长期锻炼就会增强。

自我成长屋

　　请你和爸爸妈妈讨论，你最近在做什么事情的时候动用了自己的意志力？你是怎么发现的？

　　我们经常听到有人这样夸奖人：你可真有毅力啊！那么，意志力和毅力是一回事吗？

　　毅力是一种对长期目标的兴趣与坚持，使个体在遇到困难时不轻易放弃。结合意志力的定义，你发现两者的区别了吗？可以写在下面方框内。

3 意志力的能量

曾经有学者做过这样一个研究，让人们说说自己的优点，人们往往会说诚信、善良、勇敢、富有创造力等品质。研究者在问卷中列出了20个"性格优点"，在世界上调查了几千人。研究者发现，被测试者中选择"意志力强"作为自身优点的人最少；不过当被问到"失败原因"的时候，被测试者中回答"缺乏意志力"的人最多。

看到这个调查结果，你们是不是很惊讶？意志力对我们的影响真的那么大吗？

|心理实验室|

斯坦福大学的心理学教授沃尔特·米歇尔（Walter Mischel）在20世纪60年代开展了一项开创性研究，即"棉花糖实验"。

这项具有里程碑意义的研究，先后有600名儿童参与。他们均来自斯坦福大学的附属幼儿园，并被要求作出选择：他们面前放着1块棉花糖，如果能坚持15分钟别碰它，那么之后将被额外再奖励1块棉花糖，获得2块棉花糖；若没坚持住，吃了棉花糖，奖励就没有了。

研究人员离开实验房间后，一台隐藏摄像机开始记录接下来发生的事情。

有的小孩等研究人员一走就吃掉了棉花糖。有的小孩尝试转移自己的注意力：用手盖住眼睛、踢桌、子用手指戳棉花糖。有的孩子凑上去闻，舔一下，或是在棉花糖边缘咬一小口，希望研究人员回来的时候不会发现他动了棉花糖。还有一些小孩一直忍耐，坚持了15分钟。

最终，那些成功抵御住"15分钟棉花糖诱惑"的小朋友，吃到了2块棉花糖；而抵御不住诱惑的小朋友只吃到了1块棉花糖。

> 想想看，如果是你的话，你是立刻吃掉棉花糖，还是坚持15分钟来获得2块棉花糖？

对于小朋友而言，棉花糖实在是太美味了，等待15分钟确实太有难度了。但是实验中依旧约有1/3的小朋友成功抵御住了棉花糖的诱惑，坚持了15分钟，最后得到了2块棉花糖。当然也有约2/3的小朋友没有成功抵御棉花糖的诱惑，只吃到了1块棉花糖。看来在这个实验中，有些小朋友成功动用自己意志力的能量，抵御住了"马上吃棉花糖"的诱惑。

有趣的是，在实验结束后，研究人员对这些小朋友进行了长期的追踪研究，记录这些小朋友在成长过程中的表现。他们发现，那些在小时候就能够用意志力抵御棉花糖诱惑的小朋友，进入青少年时期后心理调节能力更强，更值得信赖，参加美国高考(SAT)的分数更高，成年后的人生也更加成功。

可见，成功和意志力是分不开的。

自我成长屋

　　心理学家在寻找能够帮助人们成功的个人品质时一致发现：智力和意志力能预示人的成功。到目前为止，研究者仍然不知道如何永久性地提高一个人的智力，但是发现了提高一个人意志力的方法。

　　看到这里，你是不是很兴奋，我们现在正在了解一个自己可以掌握的成功法宝，那就是意志力。

　　和你的爸爸妈妈一起讨论一下，看看你有哪些优点呢？

　　你需要父母为自己的意志力提升提供哪些鼓励和支持呢？

　　父母怎样的肯定词语会令你更自信、更坚持呢？

　　请将你们的讨论结果写在下面吧！

意志力和生活

　　意志力是一种个人自觉确定目标，并在实现目标的过程中支配个体行为的品质。意志力能提高个体的行动效率，调节和控制个体的心理状态。这一节将会向你介绍泰斯教授的实验，它向我们验证：意志力不仅能够帮助我们克服困难，更好地完成学业；从长远来看，也对我们的身体健康方面有诸多益处。

💙 心灵故事汇

1955年9月16日，张海迪出生于今山东省威海市文登区。在她5岁那年，一场灾难性的疾病降临到了她的身上。一天，小海迪正在幼儿园里排练节目，她唱着、跳着，忽然觉得眼前一片发黑，在舞台上摔倒了。平时，她摔个跟头，自己总是不声不响地爬起来。这次，她用尽全身力气，还是站不起来。她着急了："我的腿，我的腿哪儿去了？"

父母和老师赶紧把她送到了医院。医生们经过反复会诊，最后诊断：张海迪得了脊髓血管瘤，胸以下全部瘫痪。当时，医生们都希望拿出自己最大的本领，让这活泼、可爱的小姑娘站起来。但是，就像科学家在探索宇宙奥秘的过程中遇到的许多疑难问题一样，尽管他们没有放弃努力，但眼下一筹莫展。

这意味着张海迪从此以后都将在轮椅上度过。看着伙伴们能自由自在地奔跑、高兴地背着书包去上学，小海迪幼小的心灵简直要被痛苦压碎了。

阅读到此处，你想对小海迪说点什么呢？

小海迪，我想对你说：

_____

_____

_____

_____

_____

为了满足女儿读书的愿望，父母想方设法让她上学，然而一连几次报名上学都被学校拒收了。学校不肯收，家里也请不起专职的老师，父母就在下班后亲自教她。

小海迪对知识充满了渴求，无论哪一门学科，她都认真学习，始终用心对待每一字、每一个句子，并坚持每天写日记。对张海迪来说，家是一所特殊的学校，在这所学校里，聪明好学的她学会了很多知识。由于父母的爱，她对自己的未来充满了信心。

尽管小海迪非常有决心，但疾病是无情的。每当犯病的时候，她胳膊用一次力，肋间神经就钻心一样的疼，这严重影响了她的学习。

读到这里，请你用话语鼓励一下小海迪吧！

小海迪，我想对你说：

　　就这样，凭借坚强的意志力，张海迪用15年的时间自学完成了小学、中学课程，又自学了大学英语，还学了日语、德语和世界语，并攻读了大学和硕士研究生的课程。她从1983年开始从事文学创作，先后创作和翻译的作品超过100万字。

　　另外，为了能够帮助和她一样无法站立行走的人，她先后自学了十几种医学书籍和一些医科院校的材料，学会了针灸等医术，利用自己学到的医学知识和针灸技术，为群众无偿治疗。

　　1983年，《中国青年报》刊登了她的长篇小说《是颗流星，就要把光留给人间》。一时间，张海迪身残志坚、自学成才的故事感动了无数中国人。此后张海迪的名字传遍全国各地，她获得了两个美誉，一个是"八十年代新雷锋"，一个是"当代保尔"，成为中国改革开放后第一个全国典型。

多年来，张海迪做了大量的社会工作，为残疾人事业的发展作出了突出的贡献。她经常到福利院、残疾人家庭看望孤寡老人和残疾儿童，给他们送去了礼物和温暖；还为自己去下乡的村里建小学、诊所，帮助贫苦和残疾儿童治病、读书，激励他们自立自强。

张海迪以自身的勇气证实着生命的力量，正像她所说的，像所有矢志不渝的人一样，她把艰苦的探询本身当作真正的幸福。她以克服自身障碍的精神为残疾人进入知识的海洋开拓了一条道路。她不仅是中国残疾人的杰出代表，更是中国青年一代的骄傲。

张海迪用自己强大的意志力克服困难，不断激励和调整自己，才使得其在生活中能够坚持和获得成功。

意志力能够帮助我们坚持努力和获得成功，它对我们的生活还有什么影响呢？让我们一起看看最后期限测试实验。

心理实验室

　　美国凯斯西储大学健康心理课教授泰斯，在每次开学第一课的时候，都会让学生填写一份学习习惯问卷，同时布置一份期中需要上交的作业。

　　悄悄告诉你，这份学习习惯问卷其实是一个帮助泰斯教授辨别学生是否拖拉的问卷。

　　泰斯教授告诉学生："你们需要在学期过半的周五把期中作业交上来；如果实在完成不了，交不上来的话，也可以选择下个周二交上来；如果还是完成不了的话，那就之后的周五交到我的办公室。"之后的周五超过原定最后期限整整一周。

期中作业要求：
学期过半的周五
或者下个周二交上来，
还是完不成的话
就之后的周五
交给我。

27

教授把学生们交上来的作业交给了一些老师进行批改，这些老师不知道这些作业是什么时候上交的，因此在批改的过程中没有任何的偏见。

你们猜猜，那些能够正常提交作业的学生和那些拖拉的学生，作业的质量会有差别吗？

结果发现：那些拖拉的同学（晚交作业的同学）确实做得更差，与按时交作业的同学相比，他们的分数更低。

那么，他们除了学习成绩受到影响，生活的其他方面还会不会受到影响呢？

泰斯教授给学生们布置了另外一个独立的任务：记录自己的健康情况。这需要每周记录自己的身体状况。

结果发现，意志力比较弱、不能够稳定地按照自己的规划进行学习的同学在前大半个学期成绩较差，但是身体较好；而有些意志力比较强、能够稳定地按照自己的规划进行学习的同学在写作业期间感冒了。

离学期结束很远的时候，意志力不强、不能按计划完成学业的同学过得好极了，经常玩飞盘、参加派对，而且睡眠充足。但是等学期即将结束之际，这些同学的压力明显大于其他人，也更容易得病。从整个学期的健康记录来看，意志力不强、不能按照计划完成学业的同学，健康方面的问题更多。

🌀|能量补给站|

李天岩是我国著名数学家，他通过数十年如一日的苦心钻研，在应用数学与计算数学等领域中，取得了伟大的、开创性的成绩，被视为其所在数学领域的领军人物，而且，是以一身病体取得的。在谈到自己的成绩时，李天岩认为顽强的意志力让他克服了身体上的病痛，常年坚持在第一线工作。

李天岩常常对他的学生说，一个人天资聪明当然是很重要的，但更加重要的是拥有超人的意志力——坚持将问题弄个水落石出的意志力。他还经常强调，自己所取得的很多成绩，并不是因为比同行聪明多少，而是比很多同行更能坚持。"哪怕是比别人多坚持一分钟，那一分钟也可能就是造就成功之路的一分钟"，这是李天岩教育学生时最常说的一句话。

第二章

**意志力
可以培养吗**

意志力不仅存在于我们
的生活中，而且对我们做事情有
非常重要的影响。
当然了，有时候会听到有人说：
"我就是天生缺乏意志力，做事情总也
做不好。"真的有人意志力天生就比
别人强很多吗？意志力弱就没
有办法补救了吗？

可以增强的意志力

意志力是不是一成不变的呢？很多研究人员对此充满了兴趣，也有很多人在生活中去摸索和实践增强意志力的方法。不管是在实验室还是在日常生活中，我们似乎都可以发现类似的规律，那就是不仅意志力不是一成不变的，而且我们可以主动采取一些科学的方法训练它，让它不断提高！接下来让我们看看在生活或者实验室中，人们为了增强意志力做了哪些尝试，效果如何呢？

心灵故事汇

美国魔术师大卫·布莱恩不仅是一名街头魔术师，还经常向人类的极限挑战，做出一些惊世骇俗之举。当布莱恩不做他的那些著名的魔术时，他就会做他自称的忍术表演。

比如曾经在纽约的布莱恩特公园，他不佩戴安全吊带，在一个22英寸（55.88厘米）宽、80多英寸（2米多）高的圆柱顶端站了35个小时；在纽约的时代广场，他在两个大冰块制成的箱子里不眠不休地待了63个小时；他在一个高只有6英寸（15.24厘米）的狭小空间里待了接近1周，每天只喝水，什么也不吃。

在著名的脱口秀主持人奥普拉的直播电视节目中，在吉尼斯裁判面前，顶着在电视观众面前表演的压力，布莱恩憋气17分4秒，打破了世界憋气记录。他面向观众待在一个巨型玻璃球中，为了保持竖直且不浮出水面，他必须把脚伸进玻璃球底部的带子里。

有记者采访布莱恩，这样极限的挑战，他是如何做到的？

他说："这就是训练起作用了。"

比如，在憋气能力的训练上，每个早上他都会做一系列日常憋气练习，每憋一段时间就停一下，渐渐增加持续时间，提高忍受程度。于是，他发现了这个秘密：意志力就像肌肉一样，可以通过锻炼来增强。

|心理实验室|

　　澳大利亚心理学家梅甘·奥腾和程肯，曾广泛招募那些想改进学习习惯的学生进行实验。

　　他们把被测试者分成两组，一个是A组（实验组），立即给予帮助；另一个是B组（对照组），先不给予帮助。A组的学生在研究人员的帮助下确定了长期目标和总任务，并把长期目标分解成分期目标，把总任务分解成小任务；在执行计划的过程中，A组的学生需要写日记监督自己的行为。B组的学生则需要等待：研究人员会在实验快结束时给予其方法的指导，但是在实验的过程中并没有对他们的学习习惯进行指导和监督。

在实验过程中，A组和B组的学生被要求做了一个有趣的游戏。在这个游戏中，被测试者需要看着电脑屏幕。屏幕上有6个黑色方块，其中3个方块会闪耀一段很短的时间，然后所有的方块会在屏幕上滑动。5秒钟后，被测试者必须用鼠标指出哪些方块是最初闪耀过的方块。

这个游戏想要赢很简单，只要集中注意力，用心记住闪耀的方块是哪块就可以。但是难就难在，在他们看电脑屏幕的过程中，附近有一台电视正在播放喜剧表演节目，还时不时传出笑声。他们如果把精力放在了听笑话或者看节目上，就不会去关注闪耀的方块了。为了获得高分，他们必须不受剧情和笑声的干扰，把注意力集中在枯燥的方块上。

每次来实验室，学生们都要做这个游戏。

时间一周周过去，对于A组学生来说，研究人员给予其持续不断的指导和监督，这使得他们的意志力得到了持续不断的训练；B组学生只在实验的最后得到了方法指导，在实验过程中并没有获得对意志力的训练。

　　结果，A组学生在关注移动方块的游戏中做得越来越好。持续的练习增强了学生的意志力，让他们能坚持抵制诱惑。而B组学生在游戏中的表现并没有改进。

　　研究人员还发现了意外的惊喜：随着意志力的提高，A组学生在其他方面的情况也在慢慢地改进。比如，他们说自己不仅更健康了，而且乱花钱的习惯改了不少。

　　这个实验说明，人的意志力是可以逐渐培养的。因此，如果你觉得自己的意志力还不够强，那么，赶快跟随本书，学习锻炼意志力的方法吧。

自我成长屋

通过这个实验，你还有什么发现？和爸爸妈妈一起讨论讨论，把你的想法写在下面吧。

2 拒绝享乐
还是延迟享乐

我们在生活和学习中可能会遇到各种各样的诱惑。在遇到诱惑的时候，我们会动用意志力来帮助自己，但是如何使用意志力才能将它发挥得恰到好处呢？接下来邀请你走进心理实验室寻找答案！

|心理实验室|

美食对我们每个人都有诱惑力，意志力可以帮助我们抵御这种诱惑吗？学者尼科尔·米德和瓦妮萨·帕特里克用美食图片做了一个实验，让我们一起看看发生了什么？

首先，他们将被测试者分成三组，让他们看着这些美食图片，想象现在有很多美食放在一家餐厅的甜点车上，并让三组人分别想象不同的后续情节。

第一组人想象自己可以挑选最喜欢的甜点来吃。

第二组人想象自己下决心一点儿甜点也不吃。

第三组人想象有人告诉自己，现在一点儿甜点都不要吃，但是稍后想吃多少就吃多少。

欢迎大家来参加实验，现在大家面前有一些美食图片，请大家想象一下这些美食都在一个甜点餐车上。

1.

请你们想象自己可以随意挑选最喜欢的甜点来吃。

2.

请你们想象自己下定决心一点儿甜点也不吃。

3.

请你们想象有人告诉自己，现在一点儿甜点都不要吃，但是稍后想吃多少就吃多少。

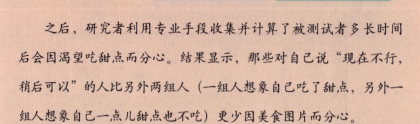

之后，研究者利用专业手段收集并计算了被测试者多长时间后会因渴望吃甜点而分心。结果显示，那些对自己说"现在不行，稍后可以"的人比另外两组人（一组人想象自己吃了甜点，另外一组人想象自己一点儿甜点也不吃）更少因美食图片而分心。

是不是很出乎所料？"稍后再吃"的威力竟然这么大！

如果涉及真正的食物，又会怎样呢？这次，研究者把被测试者带到房间里看一些短片，在看短片的座位旁边放一碗巧克力豆。同样将他们分成了三组，让他们分别想象"随便吃，尽情吃""我可不能吃""我现在先不吃，等会再吃"。

之后研究人员让所有的人留下来做了一份问卷，并把那碗巧克力豆再次递给他们，并且说："你是今天参加实验的最优秀者，其他人都走了，这些都剩下了，自己拿着吃吧。"

研究人员故意制造没有人看着他们的假象，但实际上他们之前已经将巧克力豆进行了称量。

结果是，想象稍后再吃的组吃得比想象完全不吃的组要少，甚至比想象允许自己随意吃巧克力的组吃得还要少。

🌀 | 能量补给站 |

拒绝甜点是需要意志力的，但是与说"绝不"相比，说"稍后"对心理的压力明显较小。通过这个实验，我们可以发现：当遇到一些诱惑事件，需要动用我们的意志力的时候，"提醒自己稍后"有时候比"直接拒绝"更有效。比如遇到玩手机游戏的诱惑时，我们可以尝试告诉自己"等我完成了所有的任务再玩"，这比"我绝对不能玩手机"或许效果更好！

第三章

启动意志力之
自我约束

意志力实实在在存在于
我们的学习和生活中。前面我们提
到心理学家通过实验证实了意志力这种
神奇能量的存在,并且知道了它是可以培
养、可以被我们掌控的。那我们怎么启动
意志力这个强大能量呢?现在,让我们
一起来试着启动这个能量的第一个
按钮——"自我约束"按钮!

1 打败拖延怪

　　拖延是指做事拖拉、懒得去做，在学习上常表现为做作业时拖拖拉拉、磨磨蹭蹭、东张西望、低效率，甚至无效率。在学习和生活中我们常常听到有同学说"再等等""不着急，一会再做"。这种遇事就"再等等"的心态会对我们的学习和生活产生什么影响呢？我们为什么会产生遇事就想"再等等"这样的想法呢？让我们一起走进"打败拖延怪"，去寻找答案吧！

心灵故事汇

　　一座美丽的树林里住着一只小猴子，它整天玩呀玩呀，总是玩个没够。瞧！天快下雨了，它还在荡秋千哪！大雨哗哗地下起来了。小松鼠急急忙忙跳上树枝，往树洞里钻，那儿是它的家。小猴子却淋着雨，因为它没有房子，没有自己的家，东蹦西跳，找不到一个躲雨的地方。小猴被雨淋得难受极了，它想："明天我可一定要盖房子了。我要盖一座美丽的房子，有高高的屋顶、大大的门窗……"

　　雨停了，小猴子又搬木头，又折芭蕉叶，看样子真要动手盖房子了。可是，没干一会儿，它想："天气这么好，还是多玩一会儿吧！等明天再说。"玩呀玩呀，天渐渐黑了，一天就这样白白过去了。

第二天，太阳刚露出红红的笑脸，小松鼠就起来了，它采了果子当点心吃。啄木鸟清早就开始了工作——给大树捉害虫。小猴子慢腾腾起床了。

它在干什么呢？原来它在画房子的图样。小猴先画了一个，觉得房子小了，又画了一个大的。嗯！真不错，又大又漂亮！小猴子满意地笑了。

小松鼠见了，担心地问："这么大的房子，你什么时候能盖好呀？"小猴子想也不想地说："快，明天，等明天就能盖好了。我要请很多很多的朋友来新房子里做客！"

于是，小猴子就去请大象，请大象明天到自己盖的新房子里来做客。接着，它又去请小刺猬、小青蛙。小青蛙马上"呱

呱"地叫开了："猴子要盖新房子啦！明天请大家去做客！"
就这样，小猴子东跑跑，西逛逛，一天的时间很快就过去啦。
小猴子跑累了，躺在软绵绵的芭蕉叶上，舒服极了。它说：
"天太热了，还是等明天盖房子吧！"

太阳高高升起来了，可是小猴子还睡得正香，在做甜蜜的
梦哪！它梦见新房子盖起来了，真漂亮！鲜花为它开放，鸟儿
为它歌唱。小猴子得意地说："我的新房子多漂亮啊！让客人
们都来羡慕吧！"

客人们都来了，大伙儿热烈地向小猴子祝贺，青蛙唱起
歌，仙鹤和松鼠跳起舞，大家尽情地唱呀、跳呀，快乐极
了！客人们把小猴子抬起来，"一、二！"抛得高高的，接
住；"一、二！"再抛得高高的，再接住……哎呀！房子好像
在摇晃，也好像在跳舞。

这是怎么回事？噢！原来是长颈鹿在抖动芭蕉叶。小松鼠
正在叫它："小猴子，快醒醒，客人都到齐了，你的新房子在
哪里呢？"

小猴子睁开眼睛，想了一下，说："我不是叫你们等明天
来吗？我的新房子明天才能盖好呢！"大伙儿惊奇地说："等
明天？难道今天不就是你昨天说的明天吗？要是今天下起雨
来，看你往哪儿躲！"

也真巧，刚说下雨，真的下起雨来了。客人们都急忙回家去了，只有猴子东奔西跑，没有地方可以躲藏。这可怪谁呢？小猴子总是说"等明天，等明天"，结果什么事都没有做成。

也好，让大雨把它浇清醒些，把这个"等明天"的坏习惯改掉吧！

时光穿梭机

吃饭时间到了，明明不想吃饭，想再玩一会儿游戏，结果被爸妈数落了一通。明明气不过，把门一摔，自己在屋里生闷气，饭也没吃，一会儿肚子"咕咕"叫起来。

周一第一节课就是语文课，语文老师讲的是作文，明明最不喜欢的就是写作文了。他想反正我也不喜欢听，索性就不听了，于是他一节课都在想昨天晚上玩的游戏，老师讲了什么，他一点儿也没听进去。下课的时候，老师让同学们按照要求修改自己的作文，明明慌了……

明明特别纳闷儿，他什么事都按照自己的想法做了，心情却没有变得更好，生活也变成了一团糟。

你能解答明明的疑问吗?

🌀|能量补给站|

前面小猴子"等明天，等明天"的想法就是明显的拖延表现。那我们如何走出"拖延"怪圈呢？

四种导致拖延的怪兽

怪兽1——高难度缺乏自信怪兽：任务难度比较高，缺乏自信。

怪兽2——反感心理怪兽：对要完成的任务有反感心理，认为做事情的过程中可能会遭遇很多困难，结局也不尽如人意。

怪兽3——缺乏意义感怪兽：目标和回报太遥远了，感受不到做事情的意义。

怪兽4——容易分心怪兽：无法自我约束，容易冲动和分心。

打败拖延大怪兽

1.面对高难度缺乏自信的怪兽

建议你为自己设立一个比较现实的、能够达成的目标，并且将目标进行分解，分解成容易操作的短时间内可以完成的小步骤。目标越小，越容易完成。

你如果在这部分存在问题，赶紧和爸爸妈妈一起商量如何细化自己的目标吧！

2.面对反感心理的怪兽

你如果在这部分存在问题，可以尝试学会肯定。心理学研究发现，每天记录3件好事，可以大大提高我们的幸福指数，为自己提供前进动力。

自我肯定清单

比如：我今天可以学好数学，做好数学作业。

3.面对缺乏意义感的怪兽

我们拖延，很多时候是因为做的事情并没有给自己带来很大意义的感觉，甚至没有意义。而当学习的内容、需要做的事情和我们的目标以及在乎、关心的人和事物产生连接时，意义就出现了。

为此，弗吉尼亚大学的克里斯·胡勒曼（Chris Hulleman）教授设计了一个关于"建立连接"的小练习，它可以帮助我们把要做的事情和我们关心的人、事物连接起来，从而产生做事的意义。

表格第一列：列出对你来说最重要的人、你的目标、你的兴趣。

表格第二列：列出你现在需要学习或者做的事，可以具体一点。

表格第三列：从第一列里选择出一个或者多个和第二列里有连接的内容，用一句话写出它们之间的关系。

对我重要的人、目标、兴趣	课程与内容（要做的事）	关系
（人）		
（目标）		
（兴趣）		

你如果在这部分存在问题，建议你和爸爸妈妈一起把这件事和未来的目标结合起来，同时和爸爸妈妈一起商量奖惩措施。

4.面对容易分心的怪兽

你如果在这部分存在问题，请关注周围的环境。环境包含物理环境（我们学习时周围的环境是否安静，温度、舒适度是否适合，是否有影响自己专注做事的电子设备等）、社会环境（我们的家庭，班级里的同学、老师，社会中和我们相关的人员等）、心理环境（是否感觉安全、安心等），它们都潜移默化地影响着我们做事的专注度和效率。

我们如果想要更加专注地做事情，可以尝试先从比较容易改变的物理环境入手，比如去图书馆之类的安静地方，把让自己分心的电子设备放在一个不容易拿到的地方。

小读者们，改变物理环境这部分的内容会在第四章第一节中具体介绍哦！

|自我成长屋|

　　你在哪些事情上会拖延，哪些事情上不会拖延？它们之间的区别是什么？

2 我能管理好自己

《中庸》中曾讲道："莫见乎隐，莫显乎微，故君子慎其独也。"这句话的意思是，不要在别人见不到、听不到的地方放松对自己的要求，也不要因为细小的事情而不拘小节，因此君子即使一个人独处，也要谨言慎行。也就是说，一个人在独处的时候，即使没有人监督，也能严格要求自己，自觉遵守道德准则，不做任何不道德的事。这种即使没有外人监督也能自我管理的能力，不仅能够帮助我们增强意志力，还会对我们的学习和生活产生很多益处。

心灵故事汇

　　齐瓦勃是昔日美国第二大钢铁公司伯利恒钢铁公司的创始人。他出生在美国乡村，只受过短暂的学校教育。

　　家中一贫如洗的他，15岁那年，就到一个山村做了马夫。然而雄心勃勃的齐瓦勃无时无刻不在寻找着发展的机遇。

　　3年后，齐瓦勃来到钢铁大王卡内基的一个建筑工地打工。一踏进建筑工地，齐瓦勃就表现出了超强的自我规划和自我管理能力。当其他人都在抱怨工作辛苦、薪水低并因此而怠工的时候，齐瓦勃却一丝不苟地工作着，并且为以后的发展而开始自学建筑知识。一天晚上，同伴们都在闲聊，唯独齐瓦勃躲在角落里看书。恰巧那天公司经理到工地检查工作，经理看了看齐瓦勃手中的书，又翻了翻他的笔记本，什么也没说就走了。

　　第二天，公司经理把齐瓦勃叫到了办公室，问他："你学那些东西干什么？"齐瓦勃说："我想，我们公司并不缺少打工者，缺少的是既有工作经验、又有专业知识的技术人员或管理者，对吗？"公司经理点了点头。

　　不久，齐瓦勃就被升任为技师。打工者中，有些人讽刺、挖苦齐瓦勃，他回答说："我不光是在为老板打工，更不单纯是为了赚钱，我是在为自己的梦想打工，为自己的远大前途打工。我们在认认真真的工作中不断提升自己。我要使自己工作所产生的价值远远超过所得的薪水，只有这样我才能得到重用，才能获得发展的机遇。"抱着这样的信念，齐瓦勃一步步升到了总工程师的职位上。

公司并不缺少打工者，缺少的是既有工作经验、又有专业知识的技术人员或管理者，对吗？

25岁那年，齐瓦勃做了这家建筑公司的总经理。后来，齐瓦勃终于独立成立了属于自己的大型伯利恒钢铁公司，并创造了非凡的业绩，真正完成了从一个打工者到创业者的飞跃，成就了自己的事业。

我们只能在认认真真的工作中不断提升自己，才能获得发展的机遇。

看完这个故事，你有什么发现呢？是不是觉得自我管理对于一个人来说太重要了？没错，一个人即使起点很低，仍然可以通过自我管理一步步向自己的理想迈进！

能量补给站

下面这个小小的调查，可以帮助你了解自我管理的程度，请认真填写！

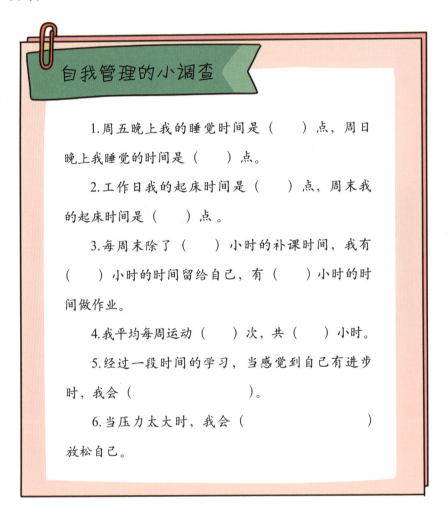

自我管理的小调查

1.周五晚上我的睡觉时间是（   ）点，周日晚上我睡觉的时间是（   ）点。

2.工作日我的起床时间是（   ）点，周末我的起床时间是（   ）点。

3.每周末除了（   ）小时的补课时间，我有（   ）小时的时间留给自己，有（   ）小时的时间做作业。

4.我平均每周运动（   ）次，共（   ）小时。

5.经过一段时间的学习，当感觉到自己有进步时，我会（   ）。

6.当压力太大时，我会（   ）放松自己。

以上这几个问题的答案和我们的自我管理水平息息相关。那么，自我管理和意志力有什么关系呢？

1.精力管理金字塔

精力管理金字塔分为四层，由下至上分别是体能、情绪、思维、意志力。精力金字塔越底层的部分越基础。底层的精力会影响上层的精力，如果体能不足，那么情绪、思维、意志力都会受影响。

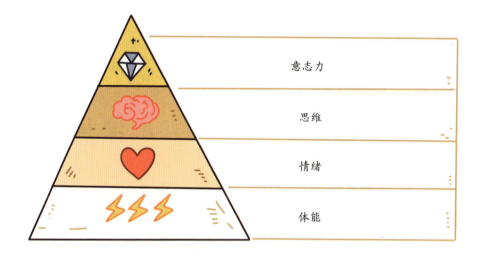

你的睡眠时间如果保证不了，代价就是会影响第二天一整天的做事效率：上课没法专心听讲，情绪低落，易怒、敏感。

因此，我们要管理好自己的睡眠时间，学会"早睡"。

那么我们如何实现早睡呢？正确的方法不是强迫自己去睡觉，而是远离让自己不能睡觉的事件。另外，养成良好的习惯。很多同学周末的睡觉时间和工作日不同，像这样周五打破习惯，周一再重建，会影响人体的生物钟。

2.周末也要按时起床

对大多数同学来说，工作日早上的每分每秒都像在战场一样，刷牙洗脸、拿钥匙出门，完成一连串重复动作，规律到完成这一流程就像本能一样。但到了周末就不同了，很多同学会出现赖床、躺在床上玩手机、翻身继续睡等情况。

这里为你提供一个培养自我意识的方法，那就是记录。坚持记录每天自己做的决定，然后分析这些决定。一开始你会发现，有些决定当时是不应该做的，对此你感到有些懊悔；慢慢地你会发现，自己能够在事情发生之前对它进行干涉。

3.建立主动休息的意识

心理学家通过研究发现，人们对自己的管理有两种模式，一种是直线型管理，这类人习惯每次将自己的"电量"用到耗竭，然后再"充电"到20%，接着继续使用，因此他常年的"电量"都不会超过20%，身体处于一个非常疲惫的状态；另一种是钟摆型管理，这类人非常懂得主动休息，他们会在"电量"用到80%的时候及时"充电"到满格，于是常年保持一种精力充沛、非常高效的状态。

　　我们大脑注意力的维持时长是有限的，最长一般不超过2小时，因此我们每隔1～2小时主动休息一下，对于维持注意力很有帮助。

4.坚持锻炼身体

每天固定的身体锻炼，对于我们的意志力培养有促进作用。先从自己最感兴趣的运动方式开始，每周坚持锻炼，可以和小伙伴们相互监督。

5. 不要因为进步而放弃了之前的努力

经过几周的努力，感觉自己进步了，那么这个时候是奖励自己玩一阵，还是继续保持原有的好习惯呢?

此时我们要小心了，自己的决定可能会让之前的努力付诸东流。这里请大家注意，在取得进步时，我们需要告诉自己，这是自己为了达到目标应该做的事情，理所当然要做的事情。可千万不要因为进步而放弃了之前的努力呀!

6.找到能真正让自己放松的方式

临近期末压力很大，你会找一个方式让自己放松一下吗? 同学们可能会说，别的可能不会，放松我最擅长，大吃大喝、放肆玩儿谁不会。但是这里说的放松是后期没有不良影响的减压方式，不是让你一放松就丢掉好习惯的方式，也不是放松完了会让你内疚、后悔的方式。

参加体育活动、阅读、听音乐、与家人相处、按摩、外出散步、练瑜伽等都是不错的放松方式哦!

不可取的放松形式

推荐的放松形式

培养意志力 ♥

 **自我成长屋**

通过对刚才的小调查进行解读，你还需要或者希望在哪方面进行改进呢？下面请你和父母一起商量商量，针对一种最想改变的行为或者最想养成的习惯，将下面的语句补充完整！

承诺卡

我决定 _____

我如果成功了，会 _____

我如果失败了，会 _____

当我想放弃时，_____ 会监督我、鼓励我。

我的姓名： 　　　见证人：

把具体的行动写下来，邀请你的父母或者同学签名并作为自己的见证人，以便今后相互督促。

70

第四章

启动意志力之
自我帮助

前面我们了解了"自
我约束"按钮的内容，也学习到
了一些自我约束的方法。在本章，我
们将要一起启动意志力能量的第二个按
钮——"自我帮助"。
在意志力培养的过程中，我们可以
采用培养专注力和养成良好习惯的
方法锻炼意志力。

 保持专注力

据说世界上有两种动物可以到达金字塔顶尖，一种是雄鹰，一种是蜗牛。雄鹰可以到达金字塔顶尖，是因为它有翅膀；蜗牛可以到达金字塔顶尖，是因为它有足够的专注力以及毅力。

专注力很重要，这一点我们从小就知道。大家小时候一定都听过小猫钓鱼的故事，这个故事告诉我们：做事要一心一意，不能三心二意。但是随着年龄的增长，很多人都开始忽略专注力在人生中的重要性。

古今中外，很多名人都认为专注力是成功最重要的因素之一。

有一次，数学家陈景润走路时撞到树上，非但没察觉到自己走错了路，反倒以为是撞着别人了，一连说了几声"对不起，对不起"。当他抬头一看，原来是一棵大树时，不由地笑了。原来，他正全神贯注地思考数学问题。

陈景润在数学领域研究效率高并取得巨大成功，与他出色的专注力有极大的关系。

心灵故事汇

春天的田野里油菜花盛开。大蜜蜂和小蜜蜂飞到花丛中，忙碌地采集花粉。然而没多久，小蜜蜂就不耐烦了，它钻出花丛给大蜜蜂打招呼："这里的花粉太少，咱们换个地方采集吧。"

这里的花粉太少了，咱们换个地方采集吧！

"别浪费时间，花里的含粉量都差不多，"大蜜蜂边忙碌边回答，"酿蜜就是这样一点一滴地收集花粉而积少成多的。"

"你真呆板，一点也不会变通，"小蜜蜂不以为然地对大蜜蜂说，"如果我们能找到一个好场所，既不要花大力又能多采集到花粉，岂不比留在这里强？"

"别有不切实际的妄想，这里有花粉不采，再飞来飞去寻找花源浪费时间，"大蜜蜂严肃地批评小蜜蜂，"还是安心干活吧，只要多付出汗水，一定会有大收获的。"

　　大蜜蜂边说边专心工作，它钻进一朵朵花蕊里把有限的花粉采集在一起，多次往返送回蜂巢。

　　小蜜蜂听不进大蜜蜂的劝说，认为自己想法聪明，于是独自飞离，寻找理想花源。而每找到一块新的油菜田，它总是嫌花粉少不愿意采集，希望下一块的油菜田里花粉多。就这样，飞飞停停的一天过去了，它垂头丧气地空手回到蜂巢。

　　"别泄气了，今天没采集到花粉，还有明天呢，"望着小蜜蜂难过的样子，大蜜蜂安慰它，"关键是要从中吸取经验教训，避免以后再犯错。"

"我明白了，做每件事都要专心。"小蜜蜂诚恳地向大蜜蜂检讨，"如果做事情都像我这样见异思迁、浅尝辄止，这山望着那山高，最终只能是一事无成。"

要从中吸取经验、教训，避免以后再犯错。

|能量补给站|

前面的故事中，大蜜蜂一直专心采蜜，最后收集到了不少蜂蜜。在心理学上，专心做事情叫作"专注"，它是指在一段时间内，将意识集中在某一事物或者活动上的心理状态。

当我们专注做事情的时候，我们会有什么样的感受呢？

你有没有为了做一道题或者做一件事绞尽脑汁的经历？这种时候对你来说，时间是不是过得特别快？

这种体验，心理学家米哈里教授给它命名为"心流"，它是指一种将个人精神力完全投注在某种活动上的感觉。激发心流体验的重要步骤之一就是专注。我们如何启动自己的专注，享受"心流"的感觉呢？

我们可以为自己营造一个良好的学习环境：清理自己的专属学习区，将每天的学习环境按照远离自己手边的距离分为3个区域，分别是高危区、中危区、低危区。

高危区 1 你手边的位置。这个区域会影响你的学习，因此只能放一些学习必备的物品。只能允许必要物品准入，比如参考书、水杯、错题本等。

中危区 2 站起来可以够到的地方。

低危区 3 离你很远的位置。可以放置其他物品，比如手机。

每次开始学习之前，我们先给自己3分钟时间梳理自己3个区域的内容，一定要梳理清楚哪些物品不能进入高危区、哪些物品可以放在高危区，再开始学习。

请你根据实际情况，在下面的图中合理划分3个区域需要放的东西。

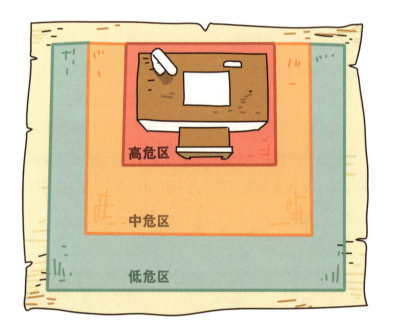

当准备好了学习所需要的外部物理环境之后，要想保持专注状态，我们有时候还需要"卸载"一些大脑中的干扰信息。干扰有可能来自外界的诱惑，也有可能是内在的思绪。如当做好一切准备，坐在书桌前专心致志做数学题的时候，你做了几分钟，脑子里可能会突然冒出来一些声音。

短时间内想的事情太多，就会大大占用注意力资源，影响专注力。就好像启动一台电脑，如果后台程序太多，占用大量的电脑资料，启动时间就会变长。

你可以随时准备一个小本，把任何影响思绪的任务记录在小本上，作为你的待办清单，就像手机卸载没用的软件一样。这能让你在一定的时间内只聚焦于一项学习任务。

另外，积极用脑可不是学到天荒地老，而是每隔40分钟休息一下。你可以做几组左右手交替触脚运动，也可以充分深呼吸。

左右手交替触脚运动

深呼吸方法

1.慢慢吸气的同时，数4下。你在用鼻子吸气的时候，在心里从1数到4，不要着急。这个练习会帮助你调整自己的呼吸，专注于呼吸的深度。

2.屏住呼吸4秒。放松，屏住呼吸，不呼气也不吸气，等待4秒钟，你可以自己在心里默数。

3.用8秒的时间呼气。慢慢地从嘴里呼出气体，同时数到8，在呼气的时候，腹部向内收，尽量挤出更多的空气。

专注和简单一直是我的秘诀之一。

——史蒂夫·乔布斯（美国苹果公司联合创始人）

好习惯要坚持

　　相信你听过孟母三迁的故事。故事的主人公孟子，是战国时期哲学家、思想家、政治家、教育家，是儒家学派代表人物之一，与孔子并称"孔孟"。关于孟子还有一个小故事，我们来读读吧。

　　有一天，孟子逃学回家，孟母正好在机房织布。见他逃学回来，孟母气得拿起剪刀把快织好的一块布割断，教训说："你读书就像我织布，织布要一线一线地连起来，一中断就成不了布。你读书也要天天用功，才会有成就，不然就像我割断布这样前功尽弃。"

　　读了这个故事，你有什么感想？

孟母认为，读书就像织布，织布要一线一线地连起来，一中断就成不了布。我们读书和学习也是这样的道理，习惯的养成不是一蹴而就的，而是一点点培养起来的。

习惯的养成通常分成三个层次，你来看看自己处于哪个层次吧！

第一个层次是不自觉阶段，这个层次需要依靠外力的监督形成习惯。

第二个层次是自觉行为，这个层次需要依靠一定的意志努力，需要自己对自己进行监督，不需要外部监督了。你如果处于这个层次，那就很了不起了，给自己点赞吧！

第三个层次是自动化，就是达到类似本能的程度。到了自动化以后，我们不需要监督，也不需要意志努力，而是行为习惯。你如果能够达到这个阶段，那就真的太棒了，真的忍不住给你点赞！

时光穿梭机

阳阳最近有一些烦恼。

他发现周末好忙啊。他周末有好多想做的事情：看会儿漫画书，玩会儿起泡胶，和同学一起组队玩"王者荣耀"限时赛。他也有好多需要做的事：写数学作业，复习考试，下楼运动等。

但是，他发现周末时间过得好快，和同学玩了两场游戏，看了一会儿漫画书，时间就过去了。

他还有好多事没有做，周末就结束了：没来得及复习考试的内容，甚至没有完成数学作业。妈妈发现后很不高兴，把他教训了一顿！

你觉得他该怎么办？他怎么样才能兼顾学习和玩耍呢？他怎么做才能让时间过得慢一点儿，让周末时间更长一点儿呢？

🌀 | 能量补给站 |

美国管理学家史蒂芬·科维的时间管理四象限，把事情按照重要程度和紧急程度进行了划分。这个方法在《提升学习力》里有详细的讲解。你还记得怎么使用吗？

我们做事情的原则是：先做重要的事情，再做不重要的事情。

重要又紧急的事情，我们要优先做。重要不紧急的事情，虽然看起来不那么着急，但也是重要的事情，如果不做，只会让压力越来越大。因此对于这样的事情，我们应该计划做，主动做，不拖拉。

紧急不重要的事情，即使再紧急，对我们来说也没有那么重要。因此对于这样的事情，我们可以等完成重要的事情后再做。不重要又不紧急的事情，当然放在最后面了。

自我成长屋

接下来我们进行几组生活情境大闯关，让我们一起做时间管理大师吧。

情境一：早读时间到了，语文老师布置了背诵古诗的任务，但是你想和同学聊聊昨天发生的趣事。请在下面的方框里写下你的时间安排吧。

情境二：自习时间到了，数学老师布置了自习后要收的数学作业，但这时候你想看语文老师推荐的阅读书目《西游记》，写下你的安排吧。

情境一解析

早读时间背诵古诗属于重要又紧急的事情，我们需要马上行动，优先做。

在早读时间和同学聊天属于不重要也不紧急的事情，我们可以不做。

情境二解析

写数学作业和阅读推荐书目都是重要的事情，但是完成即将上交的数学作业更加紧急，因此我们应该优先做数学作业。阅读《西游记》在这个时间段不紧急，我们可以计划做。

时间管理既是一种习惯，也是一种能力。在这个过程中，我们不仅会养成一些终身受益的好习惯，而且可以通过控制自己的行为，培养一生中不可或缺的意志力。

第五章

启动意志力之
自我决定

小马过河的故事，相信
很多人都很熟悉。河水既不像小
松鼠说的那么深，也不像老牛伯伯说
的那么浅，这是小马在亲身经历之后得
出的结论。
我们在学习和生活中会遇到很多
问题，学会独立思考、正确决策
是非常重要的事情。

1 问题解决有方法

人们常说，一个有智慧的人要善于采纳别人的建议。除了善于采纳别人的建议，学会自我判断和决定、有主见也是非常重要的！

每个人在生活中都面临着种种抉择，又都希望得到最佳的结果，因此常常在抉择之前反复权衡利弊，举棋不定。这就是非常有名的"布里丹毛驴效应"。

布里丹毛驴效应

布里丹是法国哲学家。据说，他养了一头小毛驴，每天向附近的农民买一堆草料来喂养它。有一天，送草的农民由于敬仰哲学家，额外多送了一堆草料，放在旁边。

毛驴站在两堆数量、质量相同，并且与它距离完全相等的干草之间，为难了。虽然它享有充分的选择自由，但是两堆干草价值相等，客观上无法分辨优劣，于是它左看看、右瞅瞅，始终无法决定究竟选择哪一堆好。

这头可怜的毛驴就这样站在原地，犹犹豫豫、来来回回，最终，在无所适从中饿死了。

那头毛驴之所以最终饿死，是因为左右都不想放弃，不懂得如何选择、如何决定。人们把这种决策过程中犹豫不定、迟疑不决的现象称为"布里丹毛驴效应"。这种思考与行为方式，表面上看是追求完美，实际上是贻误良机。

关于决策，还有一个有趣的寓言故事，我们接着来看看。

美味的大雁

从前，兄弟两个看见天空中一只大雁在飞，哥哥准备把它射下来，说："等我们射下来就煮着吃，一定会很香的！"这时，弟弟抓住他的胳膊争执起来："大雁煮着吃不好吃，要烤着吃才好吃，你真不懂吃。"哥哥已经把弓举起来，听到这里又把弓放下，为怎么吃这只大雁而犹豫起来。就在这时，一位老农从旁边经过，于是他们就向老农请教。老农听了以后，笑了笑说："你们把大雁分开，一半煮着吃，一半烤着吃，自己一尝，不就知道哪一种方法更好吃了吗？"

哥哥大喜，拿起弓箭要射大雁时，大雁却早已无影无踪了，连一根羽毛都没有留下。

很多时候，犹豫并没有给我们带来完美的决策，反而容易让人身心俱疲，甚至作出错误的判断和选择。

|心理实验室|

斯坦福大学的乔纳森·勒瓦夫教授，针对定制德国奥迪车的客户做了一项实验。他发现，如果让客户在购买时先面对大量花钱较少、选择性较大的选择项（如提供50种颜色的车让他选择），再给出那些花钱较多且设为默认的选择项（如是否购买额外年份的保修选项）时，大多数情况下，客户会在后面这些选项上花更多的钱。

道理很简单，因为前面过多的选择已经让客户决策疲劳了，所以客户放弃了"最佳决定"，做了"最简单的决定"——在默认项上打钩就好。

能量补给站

每个人一天中都会做很多决定,如早上穿什么衣服,吃什么东西,上班要乘坐什么交通工具,要见什么人。

如果"犹豫不决",每一个方案都耗费大量的能量去作判断,这个过程消耗的能量累积起来就会造成人的意志力下降,也就是决策疲劳。

在决策疲劳时,人们往往会放弃"最佳决定",而是做"最简单的决定"。

我们在遇到问题的时候,应该怎样做决定呢?这里给大家介绍"收—定—行三步走"的方法。

1.收——分析、收集阶段

注意:给自己定一个时间期限。这个阶段最重要的是设定一个明确的时间节点,如果没有期限,相关的信息就永远都搜集不完。

广泛征求意见,搜集与这个决定相关的材料,可以从网上搜索,也可以寻求家人、朋友的建议。

2.定——决定阶段

研究发现，进行决策的阶段是最耗费意志力的阶段。

注意：下决定前先休息，闭目养神。你可以做20下深呼吸，3秒吸气，3秒吐气，差不多3分钟可以完成。

在休息的时候，尽量不去想这个决定，让自己放空。给大脑一段放松的时间，可以让大脑不致因疲劳而作出错误的判断。注意也要给自己设定决策的期限。

3.行——执行阶段

一旦作出了决定，就不能再犹豫，直接行动起来。

注意：直接行动，不要犹豫。任何的迟疑和反悔，都会让精力停留在上一阶段，这时你会身心疲惫、焦虑。

犹豫所造成的焦虑只会消耗你的动力。你如果已经搜集了足够的资料，给了自己足够的考虑时间，那么就作出决策并坚定地执行下去。请你行动起来吧。

自我成长屋

　　你假如正面临危险，为了防止陷入绝境，应该有所准备。现在有15件物品，都是绝境逢生所需要的，可惜你只能选择其中的10件，选择什么物品由你来决定！

　　要求：在1分钟之内作出决定。

　　(1) 一块巧克力；(2) 人民币；(3) 糖；(4) 指南针；(5) 一支铅笔；(6) 一盒火柴；(7) 一个生锈的铲子；(8) 5厘米长的蜡烛；(9) 一卷纱布；(10) 一块肥皂；(11) 一把小刀；(12) 一根长绳；(13) 一个小本；(14) 一包盐；(15) 一个哨子。

　　请你在1分钟之内选出10件东西，并用2分钟按照重要程度给它们排序。注意，你只有3分钟！把你的选择按照重要程度排序写在框内。

怎么样，你觉得作出这个决定是困难呢，还是很轻松呢？你如果可以在3分钟内快速作决定，就是一个善于作决定的高手；不然，你可能需要提高自己作决定的能力了。

你如果觉得有一些困难，就记住这里的几个原则：对于无关紧要的事立刻作决定，对于重要的事情要三思而后行，从小养成自己的事情自己做的好习惯。

自己的事情自己做、勇于自己作决定都是我们成长的表现。请你用前面讲到的"收—定—行三步走"的方法，从一个很小的决定开始，练习提升自己的管理能力吧！

2 做自信的行动派

生活中，我们经常会遇到一些自己觉得"我能行"的事情。

"我能行"这种感觉强的人能对新的问题产生兴趣并全力投入其中，能不断努力去战胜困难。相反，"我能行"这种感觉弱的人总是怀疑自己什么都做不好，遇到困难的时候可能一味地畏惧和退缩。

在做有些事情的时候，我们缺乏动力，缩手缩脚；但是在做另外一些事情的时候，我们很有信心，行动力十足。你在生活中有没有类似的经历呢？

心灵故事汇

多年前，一位贫苦的牧羊人领着两个年幼的儿子以替别人放羊来维持生活。一天，他们赶着羊来到一个山坡。这时，一群大雁鸣叫着从他们的头顶飞过，并很快消失在远处。

牧羊人的小儿子问父亲："大雁要往哪里飞？""它们要去一个温暖的地方，在那里安家，度过寒冷的冬天。"牧羊人说。

他的大儿子眨着眼睛羡慕地说："要是我们也能像大雁一样飞起来就好了。那我要飞得比大雁还要高，去天堂，看妈妈是不是在那里。"小儿子也对父亲说："做个会飞的大雁多好啊！那样我就不用放羊了，可以飞到自己想去的地方。"

牧羊人沉默了一下，然后对两个儿子说："你们只要想飞，就能飞起来。"

两个儿子试了试，没有飞起来。他们用怀疑的眼神看着父亲。牧羊人说："让我飞给你们看。"于是他飞了两下，也没飞起来。牧羊人肯定地说："我是因为年纪大了才飞不起来，你们还小，只要不断努力，就一定能飞起来，去想去的地方。"儿子们牢牢记住了父亲的话，并一直不断地努力，长大以后果然飞起来了——他们发明了飞机。

他们就是美国的莱特兄弟。

时光穿梭机

　　学校马上就要开始社团活动了，老师把社团的名单发了下来。晶晶看到名单非常开心，里面有自己最想去的编程社团。同学们叽叽喳喳，聊得热闹极了。有人兴奋地喊着："我最喜欢动漫社团了！"有的人说："去年参加了编程社团，好难哦。"

　　晶晶犹豫了，到底应该报什么呢？

　　晚上回到家后，晶晶询问妈妈的意见。

|自我成长屋|

下面的表格中列出了 20 件在学习和生活中经常发生的事情，并进行了编号。请你试着根据自己在这些具体活动上的自信程度，把这些编号分别填进下面的 5 个气球中。你也可以不选择表格里的选项，在气球中根据自己的实际情况填写其他事件。

非常没有自信　只有一点自信　有一些自信　比较有自信　非常有自信

1.学习数学	2.学习语文	3.学习英语	4.阅读	5.跳绳
6.和人聊天	7.结交新朋友	8.组织活动	9.担任班干部	10.画画
11.唱歌、跳舞	12.管理好情绪	13.跑步	14.球类运动	15.完成作业
16.修理东西	17.养小动物	18.自我反思	19.善于作决定	20.做饭
21.	22.	23.	24.	25.

这种"我能行"的感觉可以在生活中培养。在生活中，我们要直面困难而不是逃避，在一次次迎难而上中寻找"我能行"的感觉。

人们通过经验总结出了4条通道，任选一条道路，都可以帮助我们提高"我能行"的感觉。

道路1：寻找自己以往类似事件成功的经验。我们可以回想曾经做过的成功的事情，并且记住这种"我能行"的感觉。

道路2：当想做一件事情的时候，我们可以想一想他人是怎样成功完成的，这样会无形中增加自己"我能行"的感觉。

道路3：寻求周围的人对我们的鼓励和支持，构建属于自己的支持圈，这样会帮助我们获得"我能行"的感觉。

道路4：保持积极的情绪。乐观积极的情绪能帮助我们产生"我能行"的感觉。

现在请你再看一下自己在"非常没有自信"的气球中填写的事件，选择你最希望找到自信的事件，用我们说过的4条道路，去尝试寻找"我能行"的感觉。

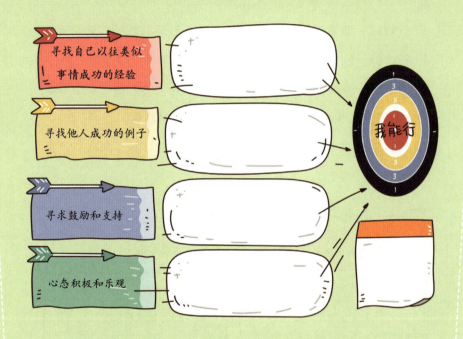

生活中，对于自己认为很重要但缺乏自信的事情，我们不能被动等待奇迹发生，要学会主动抓住自信提升的机会，让自信进入积极循环。

第六章

启动意志力之
自我控制

明代文学家刘元卿曾写过一篇寓言故事《猩猩嗜酒》，故事写了一种喜欢喝酒的动物——猩猩。山脚下的人，摆下装满甜酒的酒壶，旁边放着大大小小的酒杯，还编了许多草鞋，把它们编缀起来，放在道路旁边。猩猩一看，就知道这些酒都是引诱自己上当的，它们知道设这些圈套的人的姓名，连他们的父母、祖先的姓名都知道，便一一指名骂起来。可是骂完以后，有的猩猩对同伴说："为什么不去稍微尝一点酒呢？不过要小心，千万不要喝多了！"

 抵御诱惑有方法

我们身边有很多充满诱惑的事情。请你想一想，最近一段时间，给你最大诱惑的事情是什么？

小学阶段的同学们正处于身心快速发展时期，精力旺盛，好奇心强，但是缺乏足够的判断能力和自我管理能力。

在学习和生活中，我们常常会面临很多诱惑。我们要如何抵御它们呢？

心灵故事汇

在拉丁美洲加勒比海中一个叫巴赫的小岛上，有一个小湖叫作彼奇湖。这个湖泊里没有一滴水，里面全是黑黑的沥青，因此，它也被称为"沥青湖"。

关于沥青湖的成因，科学界有着不同的看法。有的人认为，由于地震导致此地岩层破裂，地下石油、天然气溢出后与地面上的物质发生化学反应形成沥青湖；有的人则认为，这里原来是一座死火山，石油和天然气在地底下长期与软泥流等物质混合反应，之后涌到死火山口，形成了现在的样子。

令科学家感兴趣的还有一个地方，那就是沥青湖每年都要"吃"掉大量动物。经过长时间的研究，科学家终于揭开了谜底。

原来，每年雨季到来时，雨水聚积，湖面上显得碧波荡漾。旱季来临时，湖水蒸发了，沥青变得浓稠，而残留的水坑中偶尔还能看到一些小鱼。这样就引来了一些吃小鱼的鸟。鸟吃饱了，站在湖面上休息，又吸引了其他肉食性动物。其他肉食性动物忍不住向猎物冲过去，想一饱口福，结果无一例外地丧生沥青湖。

培养意志力

|时光穿梭机|

　　暑假期间，凡凡在家闲得无聊，在同学小琪的介绍下玩起了游戏。一进入游戏，凡凡便被游戏的趣味性深深吸引了。在小琪的带领下，凡凡进步神速，游戏等级越来越高。

　　开学的日子到了，凡凡几次下定决心戒掉游戏，打算新学期集中精力好好学习。但是，事与愿违。上课期间，凡凡脑海中老能浮现和朋友一起组队玩游戏的刺激场面。晚上回家，凡凡也忍不住继续玩起游戏，有时候已经想好只玩一局，却发现根本管不住自己，每天都要玩到黑夜，第二天无精打采进入学校。

父母发现了他的异常表现，和他谈了几次。其实凡凡也知道，玩游戏太耽误学习了。

⑥ | 能量补给站 |

你还记得前面讲到的棉花糖实验吗?

在实验中，有些小朋友使用了"分配注意力"这个方法。这些孩子会遮住自己的眼睛，或者开始在房间里玩游戏，把对棉花糖的注意转移到其他事情上，这样成功帮助他们忍受住了棉花糖的诱惑。相反，有一些孩子死死盯着棉花糖，不断跟自己说"我不能吃，我一定不能吃，我的目标是获得另一块棉花糖"，却在过程中忍不住把棉花糖吃了。

当把注意力集中在对我们有诱惑的事情上时，即使我们不断告诉自己"我要抵御诱惑"，抵御诱惑的目标也很难实现。这是因为，只要我们的注意力集中在"关注诱惑"这件事上，意志力就在持续被消耗。

因此，有意识地让诱惑离开自己的视线范围，从而进一步离开自己的思绪，即有意识地把注意力放到其他事情上，可以很好地帮助我们控制自己，抵御诱惑，让意志力更好地发挥作用。

关于这点，有一个有趣的实验。这个实验叫作白熊实验，实验的起源是一个故事。

小时候，列夫·托尔斯泰跟哥哥出去打猎，看到一只白熊从他们眼前快速跑过。本来，兄弟俩都没把这只擦肩而过的白熊放在心上。但是，哥哥对小托尔斯泰多说了一句话"不要去想那只白熊"，导致小托尔斯泰想了一天的白熊。

后来，哈佛大学社会心理学家丹尼尔·魏格纳重新做了这个实验。他让一组被测试者在一个教室里坐着，并要求他们说出这段时间里自己脑海中的任何想法。与此同时，他告诉被测试者不要去想白熊。他们如果想了，就按一下铃。结果5分钟内，平均每个人按了6次铃，甚至还有人按了16次。

这个实验是不是很有趣？你可以尝试和自己的爸爸妈妈或者好朋友玩一下这个游戏，对他们说"不要去想那一只白色的熊"，然后问问他们脑海里出现了什么。

在学习或者生活中，面对各种各样诱惑的时候，我们可以通过自我对话法来帮助自己战胜诱惑。

我们怎么使用这种方法呢?

当遇到诱惑的时候,我们的大脑会自动开启一种对话。"接受诱惑的魔鬼"和"拒绝诱惑的天使"分别针对这个诱惑事件发表自己的看法。如果"拒绝诱惑的天使"成功说服你,你就会选择拒绝诱惑;如果"接受诱惑的魔鬼"成功说服你,你就会选择接受诱惑。

自我对话法是指在自我对话中,你想尽办法,让脑海里"拒绝诱惑的天使"能够战胜"接受诱惑的魔鬼"。

下面就来试一试吧!选择最近一段时间给你最大诱惑的事件,根据这个事件,写出你的想法。

接受诱惑时,你的想法:

拒绝诱惑时,你的想法:

问题:

对于我们身边的诱惑事件，如果我们在脑海中想远离它，它就可能会像那只"白熊"一样，反复出现在我们的脑海中。在面对外界的诱惑时，我们脑海里越是抗拒，这个东西就越会在我们脑海里浮现，这就是"讽刺性反弹"。

117

学会自我控制

《荷马史诗·奥德赛》里面有这样一段故事。

奥德赛和船员们驶过海峡时，半人半鸟的女妖唱起了美妙动人的歌，它想以歌声吸引奥德赛，使航船触礁毁灭。

奥德赛非常喜欢听优美的歌声，但是不想航船驶向女妖。于是奥德赛命令手下的人把自己捆在桅杆上，不管他怎么求饶都不能松绑，然后让水手把他们自己的耳朵堵上，使他们只牢记奥德赛的命令，听不到女妖的歌声。这样奥德赛一举两得，既可以欣赏美妙的音乐，也不会因歌声的诱惑而使航船触礁毁灭。

奥德赛通过自己的办法战胜了诱惑。面对诱惑，我们可以积极寻找办法，通过远离它或者请别人监督等方式成功拒绝诱惑。除了学会抵御诱惑外，我们还需要具备哪些能力才能顺利启动"自我控制"按钮呢？

|**时光穿梭机**|

小美的房间太乱了。妈妈告诉她，如果不把房间收拾好，就不要出来玩了。

小美心不甘情不愿地走进房间，看着杂乱的房间，叹了口气，慢吞吞收拾起来。当收拾到自己的娃娃时，她发现娃娃的衣服脏了，就给娃娃换了一套衣服，之后她又发现了《西游记》，于是拿起书津津有味地看了起来。很快一个小时过去了，妈妈进来后发现房间里什么都没动……

心理实验室

1996年，意大利帕尔马的研究人员做了一个镜像神经元的实验，研究人员发现，猴子大脑里存在一种特殊的细胞，叫作镜像神经元。

让猴子看到一个动作，当它自己重复这一动作时，镜像神经元会兴奋。

后来的研究证明，人脑中也存在镜像神经元。当我们看到别人的情感状态时，镜像神经元就会被激活，让我们体验到他人的感受，走进别人的情感世界。

神经科学研究发现，分布在整个大脑的镜像神经元，其任务是注意观察其他人都在想什么、感觉如何、在做什么。

我们在生活中可以给自己加上助推器，找一个学习专注度特别高、自控能力特别强的人一起做事：和专注度高的人在一起，我们的专注力很容易被唤醒；和要求严格的人在一起，自己会变得更加自律。

这个实验给了你什么启发吗？请你写在下面。

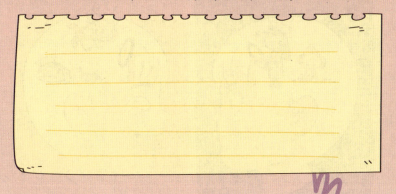

🌀 能量补给站

心理学有个很传神的比喻，说每个人的大脑里都住着一只"及时享乐猴"。它完全活在当下，及时享乐，只关心两件事——简单和有趣。

我们可以把自己的大脑想象成一辆汽车，当我们的大脑处于自动驾驶状态时，"及时享乐猴"就会上蹿下跳地想要控制这辆汽车。比如，当我们要完成老师布置的家庭作业时，它就会跑出来对我们说："哎呀，这作业太难了，咱们先看个视频放松下再做吧！"

我们想想觉得它说的话有道理啊，看视频又不会占用很长时间。很快，我们的大脑就被这只"及时享乐猴"掌控了，结果……等我们关注时间时，时间已经过去很久了。

"及时享乐猴"爱做自己喜欢及擅长的事，讨厌让我们感到不安和痛苦的事情。你如果遇上它，是被它控制，还是要驯服它？

和"及时行乐猴"相对立的是"理性决策者"，它主要负责理性分析、整理和咨询、计划和决策。面对诱惑时，"理性决策者"可以提醒我们有比及时享乐更重要的事情。

在小学阶段，我们的意志力没有那么强，这在某些方面是受生理发育影响。额叶是人类大脑最晚发育成熟的脑区，它的生长期贯穿人的整个青少年期，直到成年期才基本发育完成。

但是，大脑具有一个工作法则——用进废退，也就是说，我们越使用大脑的某些功能，这个功能就越强。因此，我们要多使用额叶，多进行理性的思考和判断，这样，我们的意志力就能增强。

我们如何调动大脑中的"理性决策者"呢？

你可以尝试对大脑中的想法进行有效觉察，觉察"及时行乐猴"什么时候来到我们身边。当想做一件事情的时候，我们把自己的想法写在本子上，然后去判断，哪些是"及时行乐猴"在操纵我们的想法，哪些是"理性决策者"在操纵我们的想法？久而久之，我们就会对"及时享乐猴"越来越敏感，可以有效觉察并拒绝它的操控啦。

自我成长屋

未来想象

在驯服"及时享乐猴"时，我们可以采用一种方法——未来想象，即遇见未来的自己。

神经科学研究发现，想象未来有助于驯服"及时享乐猴"。当你想象的未来图景越真实、越生动时，大脑就会越具体、越直接地思考你现在的结果。

当你在努力做事的时候，不妨使用一下"未来想象"的方法。"未来想象"越仔细，越能够给我们带来更大的行动力哦！

十分钟法则

有的同学说，我即使已经能够觉察到"及时享乐猴"的存在，还是不能很好地控制自己的行为，怎么办呢？这里给大家介绍一种方法，叫作"十分钟法则"。

心理学研究发现，十分钟能在很大程度上改变大脑处理奖励的方式，能提升延迟满足的能力。如果在获得即时的满足感之前等待十分钟，大脑就不容易产生想获得奖励的生理冲动。

在学习和生活中，我们如何使用"十分钟法则"呢？

我们可以把事情分成必须要做的和不应该做的。对于不应该做的事情，比如玩手机，等待十分钟后再做。对于必须要做的事情，先开始做十分钟。

你会发现，当你做一件事达到十分钟以后，你就会不知不觉坚持下去。而当你面对游戏或其他诱惑时等待十分钟后，这件事对你的诱惑就变小了很多。提醒你，等待的十分钟里可以通过冥想放松放松。

不应该做的事情，等待十分钟后再做。

10分钟

必须做的事情，先做十分钟。

第七章

启动意志力之
自我发展

人类意志力实现的
过程，并非都是一帆风顺的。
如果遇到了困难，我们如何激发
意志力，帮助自己解决困难呢?
我们接下来可以学习一些方
法，帮助自己顺利激发意
志力。

1 成长型思维

1989年，美国心理学家艾米·维尔纳和同事在夏威夷进行了长达三十年的追踪研究，来探索当地一些"高危儿童"的发展状况。这些"高危儿童"的处境有的是长期贫困、家庭破裂，有的父母患有精神疾病、抚养环境恶劣。

结果显示，这些儿童中有三分之一的人顺利度过了童年期和青春期，不但没有出现严重的学习或行为问题，反而很好地适应了家庭和学校生活，并实现了自己的理想。

研究人员发现，原来是心理弹性在孩子成长过程中发挥了重要作用，正是拥有了这项能力，这群孩子能够很好地适应家庭和学校生活。

心灵故事汇

俄国作家契诃夫写过一篇小说《一个官员之死》。

　　小官员伊凡在戏院看戏，打喷嚏时不小心把唾沫星子喷到了前排的人身上。伊凡发现那是高出自己很多级别的官员，心里怕极了，赶紧给对方道歉。高官接受了道歉，没责怪他什么，只是表示自己要继续看戏。伊凡仍然担心，并且继续恳求对方的原谅。这引起了高官的反感，他不耐烦地说："够了，让我看戏，别没完没了的。"伊凡看到对方面露凶相，不敢再说什么，但内心更加担忧了。第二天，伊凡专程去这位高官家里道歉，对方笑着宽慰他，伊凡仍然反复地道歉。面对前后多达六次的道歉，官员终于受不了了，让他"滚出去"。伊凡沮丧地走回家，躺在床上……死了。

你如果不小心打了一个喷嚏，喷到别人身上，会怎么想呢？你会不会像伊凡那样想或者像伊凡那样对待这件事？

通过上面的故事我们可以看出，对待事情不同的看法和评价会影响事件对我们的影响。对于一个小小的喷嚏，每个人对它的解读不同，它给我们带来的影响也不太一样。这种差别同样会发生在我们面对困难的时候。在生活中，我们要尝试用积极的想法去解读自己遇到的困难，这样有助于顺利激发我们的意志力。

能量补给站

请你思考一下，

鸡蛋撞向石头，鸡蛋会怎么样？乒乓球撞向石头，乒乓球又会怎么样呢？

没错，鸡蛋撞向石头，鸡蛋会破碎；而乒乓球撞向石头，不仅不会破碎，反而会弹得更高，跳得更远。

面对困难的时候，有些人会逃避，有些人会被伤害或者伤害别人，还有些人不但不被打倒，反而越挫越勇，从容不迫。在生活中，困难是多种多样的，是无处不在的。我们如何才能像乒乓球一样，拥有这种"弹性能力"呢？

这种像乒乓球一样的"弹性能力"，在心理学上有一个专门的称呼，叫作心理弹性。心理弹性是个体面对逆境、挑战和困难的"反弹能力"。

这个概念最早借鉴于物理学领域中的弹性概念，指的是一种物体发生弹性变形后仍然能恢复原样的特点。因此，也有研究者形象地称心理弹性为"心理韧性"或者"复原力"。面对逆境时，心理弹性的高低将直接影响个体解释与评估压力的方式，影响应对策略的选择，并进一步影响个体的心理健康水平和行为表现。良好的心理弹性能够帮助我们提高自身的意志力水平。

|心理实验室|

美国加州大学圣地亚哥分校的科学家做了这样一个实验。在实验中，科学家让海豹突击队员和普通人观看一系列带有不同情感色彩的图片，并用工具（功能性磁共振成像技术）扫描他们的大脑。

结果显示：海豹突击队员能够在各种不同类型的情绪之间迅速切换，他们的大脑处理情绪时更加敏捷；普通人却很容易陷入图片的情感色彩中难以自拔，很难将一种情绪"放手"，于是他们的大脑不断地陷入处理情绪的过程中。

为何海豹突击队员与普通人的"心理弹性"有所差别？科学家认为原因在于训练。就好像肌肉可以训练一样，"心理弹性"同样可以训练。

海豹突击队员正是由于受到特别的训练，才更加果敢，能够应对复杂的战场环境。

心理弹性的训练有助于增强意志力，那我们如何进行训练呢？快从下面的心灵故事汇寻找答案吧！

心灵故事汇

有一天，一位农夫的驴子不小心掉进一口枯井里，农夫绞尽脑汁想救出驴子，但几个小时过去了，驴子还在井里痛苦地哀号着。

最后，这位农夫决定放弃。他想：这头驴子年纪大了，不值得大费周章去把它救出来。不过，无论如何这口井还是得填起来。

于是农夫便请来左邻右舍帮忙一起将井中的驴子埋了，以免除它的痛苦。

农夫的邻居们人手一把铲子，开始将泥土铲进枯井中。

这头驴子了解到自己的处境时，刚开始哭得很凄惨。但出人意料的是，一会儿之后这头驴子就安静下来了。农夫好奇地探头往井底一看，出现在眼前的景象令他大吃一惊。当铲进井里的泥土落在驴子的背部时，驴子的反应令人称奇：它将泥土抖落在一旁，然后站到铲进的泥土堆上面！就这样，驴子将大家铲进枯井、倒在它身上的泥土全数抖落在井底，然后再站上去。很快地，这只驴子便得意地上升到井口，然后在众人惊讶的表情中快步地跑开了！

自我成长屋

考试成绩出来了，小白拿着数学试卷自言自语："哎，这下完了，78分，比上次低了15分，我实在是太笨了……父母肯定对我特别失望……这里怎么多扣了2分，数学老师肯定不喜欢我……"他越想越伤心，回到家里，不敢把数学成绩告诉父母。第二天，他看见数学老师时总是避开，数学课上也无精打采。后来，他做数学作业时越来越不认真，对自己丧失了信心。

小白是如何看待考试成绩下降这件事的呢？

发生的事情：哎，这下完了，78分，比上次低了15分。

小白的想法：我太笨了，父母肯定对我特别失望。

发生的事情：这里怎么多扣了2分。

小白的想法：数学老师肯定不喜欢我。

小白的行为：看见数学老师时总是避开，数学课上也无精打采。后来，他做数学作业时越来越不认真，对自己丧失了信心。

我们对一件事情的评价会影响到这件事对我们作用的大小，因此我们需要在学习和生活中以积极的视角看待发生的事件。针对小白遇到的事情，我们能不能帮他转变想法，换个积极的想法看待问题呢？

用积极的想法看待问题

发生的事情：哎，这下完了，78分，比上次低了15分。

积极的想法：

发生的事情：这里怎么多扣了2分。

积极的想法：

生活中遭遇的种种困难，既能成为掩埋我们的"泥沙"，又能成为我们的垫脚石。深陷逆境的人们如果能换个角度看待问题，就会发现：那些困难像落在身上的泥沙，也许是帮助你走出困境的垫脚石。如果我们以积极的态度面对困难，相信没有什么是不能克服的。

请你选择一件最近发生的让自己不开心的事，和父母一起尝试用积极的心理重新探讨对它的评价和做法。

事件：

消极的想法/做法
我水平不行
能力不行

积极的想法/做法

压力调节有妙招

　　压力既代表你目前正在应对的外部要求，也代表你面对压力时的心态状况。当一个人认为外界环境、事件的要求超出个人能力和应对资源时，他就会产生压力。

　　一项对中小学生的调查显示，42.4%的学生因"学习成绩提高"而感到快乐和幸福，57.6%的学生因"学习压力大"而感到苦恼。其中"学习压力大"在中小学生的烦恼中占首位，近六成学生为学习问题所困扰。

　　除了学业上的压力，我们还常常面对其他压力：来自父母的压力，比如父母期望过高，自己不被父母理解，父母唠叨、说教，父母过于专制、不平等，与父母沟通交流很难而顶嘴、狡辩，不被尊重、不平等；来自交往的压力，比如没有朋友，和朋友、同学发生矛盾，受到同学排挤，被人传绯闻；来自自我要求方面的压力，比如对自我的看法，对自己的智商、身高、体重、长相不满意。

时光穿梭机

周五最后一节课的下课铃响起来了，朋朋跑到浩浩的课桌前激动地说："浩浩，我们周末一起去打球吧！"浩浩无精打采地说："不去了，不去了，我还有好多事没完成呢！"朋朋一脸纳闷地问道："你最近忙什么呢，黑眼圈这么重？"

浩浩说："我天天都睡不好觉，感觉有干不完的事。补习班的作业一大堆，马上要迎来的英语等级考试也要准备。我晚上又失眠了，12点都睡不着。"朋朋说："我看你现在压力太大了，你可得好好调节呀。不然身体垮了不说，效率也跟不上啊。"

🌀｜能量补给站｜

随着成长，我们会逐渐感受到更多的压力。下面邀请你进行一项压力评估。请你回忆最近一段时间的压力情况，根据自己的实际情况给自己的压力打打分。0分表示一点压力也没有，10分表示压力大到了难以忍受的程度。分数的增加表示压力越来越大。

你的分数是（　　　　）。

发生了什么样的事情让你有了这个分数？

当有压力的时候，我们可能会有一些表现：头疼、肚子疼，甚至腹泻；注意力不集中，情绪变得很暴躁；常常觉得自己很热，手心出汗；因为一点小事就十分敏感。这些往往都是让我们觉得"不好"的感受。那么，我们生活在一个完全没有压力的环境中，是不是更好呢？

|心理实验室|

1954年，心理学家贝克斯顿进行了著名的"感觉剥夺实验"。

他每天付给参与实验的大学生20美元的报酬，让他们待在缺乏刺激的环境中：在没有图形知觉（让被测试者戴上特制的半透明塑料眼镜），限制触觉（手和臂都套有纸板做的手套和套袖）、听觉（实验在隔音室里进行，用空气调节器的单调嗡嗡声代替其他声音）的环境中，静静地躺在舒适的帆布床上。

猜猜看，他们能坚持多长时间呢？

在实验中，被测试者虽然可以舒舒服服躺在床上，但是都处在没有图形知觉，限制触觉、听觉的环境中。很快，很多人就受不了这样缺乏刺激的环境了。

随着时间一点点过去，被测试者变得烦躁不安，开始跺脚、制造噪声和刺激，甚至出现幻觉。

没过几天，参与者纷纷退出了实验。他们说，自己感到非常难受，根本不能进行清晰的思考；哪怕是在很短的时间内，注意力也无法集中，思维活动似乎总是"跳来跳去"。

这种看似优渥、毫无压力的生活环境，极少有人能坚持36个小时。

实验发现，丰富、多变的环境刺激是人类生存的必要条件，在被测试者被剥夺感觉后，他们会产生难以忍受的痛苦，各种心理功能将受到不同程度的损伤。这说明只有处在正常的、有压力的环境中，我们的身体才能得到足够的刺激，从而维持生命活力。

　　根据心理学的研究，适当的压力给我们提供了更多的动力，有助于我们的进步，会让我们越来越好。因此，适当的压力有助于成长。

　　现在，请你再回头看看自己在"能量补给站"中给自己的压力打的分数。

　　如果刚才你给自己打的分数是3、4、5、6分，请你不要担心，适度的压力水平可能会保证你最佳的学习水平和状态。

　　你如果刚才给自己打的分数是7分及以上，并且持续时间比较长，那么要及时关注是什么事情的发生让你给自己打了这样的分数，同时要及时告知家长和老师，向他们寻求帮助。

　　我们也可以学习一些调节压力的方法，在需要的时候帮助自己。

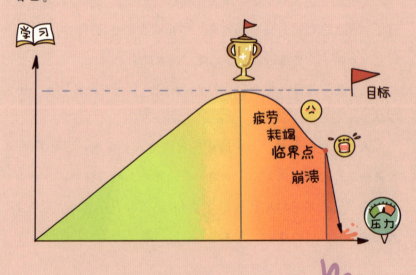

心灵故事汇

有一位经验丰富的老船长，一次，他的货轮卸货后在浩瀚的大海上返航时，突然遭遇到了可怕的风暴。水手们惊慌失措，老船长果断命令水手们立刻打开货舱，往里面灌水。

"船长是不是疯了，往船舱里灌水只会增加船的压力，使船下沉，这不是自寻死路吗？"一个年轻的水手嘟囔。

看着船长严肃的神情，水手们还是照做了。随着货舱里的水位越升越高，船一寸一寸地下沉，依旧猛烈的狂风巨浪对船的威胁却一点一点地减少，货轮渐渐平稳了。

　　船长望着松了一口气的水手们说："百万吨的巨轮很少有被打翻的，被打翻的常常是根基轻的小船。船在负重的时候，是最安全的；空船时，则是最危险的。当然这种负重是要根据船的承载能力界定的。适当的压力可以抵挡暴风骤雨的侵袭；但这种负重如果是船不能承受之重，它就会如你们担心的那样，消失在海面。"

　　这就是"压力效应"。那些生活中得过且过、没有一点压力的人，就像风暴中没有载货的船，往往一场人生的狂风巨浪便会把他们打翻。因此，适度的压力更能够帮助我们不被风浪击倒哦！

|自我成长屋|

　　你如果已经深陷压力之中，并且压力已经快把你压垮了，不妨采用一些方法帮助自己调节压力。我们可以尝试使用多视角看待压力，转变想法。

　　请写下让你产生最大压力的事件或者让你最困扰的事件，或者那些让你给自己打8分及以上分数的事件。

让你最困扰的事件

事件：

_____

_____

_____

_____

_____

　　接下来我们可以尝试用以下视角重新回答刚才的问题。

未来视角：20年后，你会怎么看待这件事？

_____

过去视角：你有没有成功克服过类似事情？

_____

远距离视角：你如果从3万米的高空往下看，会看到什么呢？

_____

极端视角：这件事可能发生的最坏情况是什么呢？

_____

好朋友视角：遇到这件事，你的好朋友会给你什么建议？

_____

通过刚才的多视角看问题，我们可以发现那件似乎无法解决的"大石头"也没有想象中那么大，那么严重。

在压力调节的过程中，我们要学会启动自己的支持圈。它是我们生活中最重要的支持系统，在遇到压力和困难的时候，可以帮助我们迎难而上，支持我们解决问题。

下面让我们一起绘制我们的支持圈。支持圈中都是在学习和生活中给予我们帮助和支持的人，他们可能是我们的父母、老师、同学、亲戚、朋友。比如下图：

请你根据以往的经历，绘制属于自己的支持圈。请在黄色部分填写支持系统中的人，请在蓝色圈中写明他可以为你提供的帮助。

看着你的专属支持圈，希望当你遇到困难、压力的时候，记得启动自己的支持圈。这些支持圈里的人可以保护你，可以在你遇到压力事件的时候倾听你的烦恼，可以在你孤单的时候陪伴你，可以在你没有信心的时候鼓励、安慰你……

蝴蝶拍舒压法

你如果用了以上两种方法，压力还是难以排解，可以尝试做蝴蝶拍放松一下。

蝴蝶拍是一种寻求和促进心理稳定的方法，具体做法是双臂在胸前交叉，双手轻拍自己的双肩，注意速度一定要慢，好像母亲在安慰受惊的孩子时所用的力度和节奏。其实每个人心中都有一个"内在的父母"，我们可以用这个动作来安慰受惊的"内在的儿童"，使心理和躯体恢复，进入一种"稳定"状态。

你可以调整自己的姿势，将双脚脚掌平放在地上，挺直背部，让脖子竖直，下巴内收，双手放在大腿上，这样可以帮助你以一种放松的姿态开始今天的练习。

首先，我们先来学习蝴蝶拍的方式。请把你的双臂在胸前交叉，右手放在左上臂，左手放在右上臂，就像是在拥抱自己一样。

很好，现在请你以左右交替的方式轻拍上臂，一左一右，先从左手开始拍，然后是右手拍，接着是左手拍，再是右手拍，轮流交替。现在请跟随报的数字一起来拍：1，左手拍；2，右手拍；3，左手拍；4，右手拍……（继续交替，5、6、7、8、9、10、11、12）。好，停下来，12个数为一轮。

　　现在，请你闭上双眼，从过往的经历中选择一件让你觉得愉快、有成就感、感到被关爱的事件。回想这个事件，找到一个最能代表这种积极体验的画面，找到一个与这个积极体验相关的词语，比如"喜悦、温暖、感动、自信"，并且体验这个积极体验带给你身体的感受。

　　继续想着这个积极词语，体验身体的积极感受，然后开始用蝴蝶拍进行左右交替轻拍。在轻拍的过程中对身体的变化顺其自然，如果在这个过程里脑海中出现了一些消极的想法，请你告诉自己"现在只需要留意积极的方面，其他的内容以后再进行处理"。好，现在让我们开始轻拍，1～12。感受你身体发生的变化，带着你的积极词语，让我们再体验一轮。

当你感觉舒服一些的时候停下来，深吸一口气，看看感觉怎么样，然后睁开眼睛。

你感觉怎么样？如果你觉得这是一个可以让自己舒服下来的好办法，可以教会自己的爸爸妈妈。你们一起使用吧！

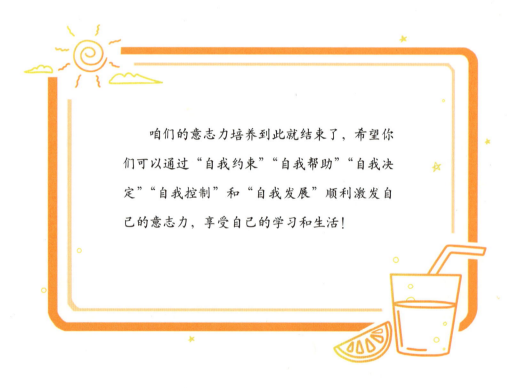

咱们的意志力培养到此就结束了，希望你们可以通过"自我约束""自我帮助""自我决定""自我控制"和"自我发展"顺利激发自己的意志力，享受自己的学习和生活！